U0254846

了不起的大数学
工　程

[西班牙]卡拉·涅托·马尔提内斯　著　赵　越　译

四川科学技术出版社

图书在版编目（CIP）数据

了不起的大数学 . 工程 /（西）卡拉·涅托·马尔提内斯著；赵越译 . — 成都：四川科学技术出版社，2021.4
ISBN 978-7-5727-0096-5

Ⅰ.①了… Ⅱ.①卡…②赵… Ⅲ.①数学－少儿读物 Ⅳ.① O1-49

中国版本图书馆 CIP 数据核字 (2021) 第 054025 号

© 2019,Editorial Libsa
The simplified Chinese translation rights arranged through Rightol Media
（本书中文简体版权经由锐拓传媒取得Email:copyright@rightol.com）
著作权合同登记号：图进字 21-2020-405号

了不起的大数学·工程
LIAOBUQI DE DA SHUXUE·GONGCHENG

出 品 人　程佳月
著　　者　[西班牙]卡拉·涅托·马尔提内斯
译　　者　赵　越
责任编辑　梅　红
封面设计　王晓珍　张　迪
特约编辑　张丽静　李　瑄　王娇娇
出版发行　四川科学技术出版社
　　　　　地址·成都市槐树街2号　邮政编码　610031
　　　　　官方微博　http://e.weibo.com/sckjcbs
　　　　　官方微信公众号　sckjcbs
　　　　　传真　028-87734035
成品尺寸　210mm×285mm
总 印 张　12
总 字 数　240千
印　　刷　文畅阁印刷有限公司
版次/印次　2021年7月第1版　2021年7月第1次印刷
定　　价　168元（全4册）

ISBN 978-7-5727-0096-5
版权所有　翻印必究
本社发行部邮购组地址：四川省成都市槐树街2号
电话：028-87734035　邮政编码：610031

目录

移动魔法

我的汽车怎么了？

米格尔一直以为汽车、电梯和一些其他设备是因为有了魔法才可以移动。直到有一天，爸爸的汽车坏了，让米格尔帮他一起修理，米格尔才惊讶地发现原来汽车还有一颗"心脏"，是它让汽车发动起来的。这颗"心脏"叫什么呢？原来它叫作发动机！

什么是发动机？

汽车发动机是一种能够将其他形式的能量（电能，以及汽油、柴油燃烧产生的热能……）转化为**动能**，让汽车行驶起来的机器。发动机类型多样，但无论哪种类型，其组成部件必须同时工作，才能驱动汽车移动。

汽车发动机最重要的部分

(a)气缸：燃料在气缸内燃烧，产生"迷你爆炸"，释放出能量。气缸直径相等的情况下，气缸数量的多少决定着汽车的速度。

(b)活塞：活塞随着每次"迷你爆炸"在气缸中做往复运动，从而带动曲轴转动。

(c)曲轴：随着活塞的上下运动，连杆会带动曲轴绕自身轴线转动，进而带动汽车的驱动轮转动。

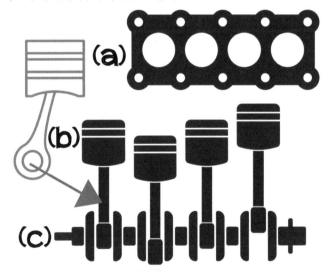

电动汽车：由一台或多台电动机提供动力。电动机使用的是储存在电池中的电能，可以通过设置在不同充电点的专用插座完成充电。

混合动力汽车：混合动力汽车使用燃料发动机和电动机两种不同的发动机。两者一起使用的优点是：噪音小，而且污染也比只使用汽油发动机的汽车小很多。

找一找
现代汽车

你知道吗？1885年，第一台带有发动机的汽车被发明出来。
从那时起，更多创新技术的运用，让我们的汽车变得更加现代化。

请找到每幅图片对应的文字描述！

 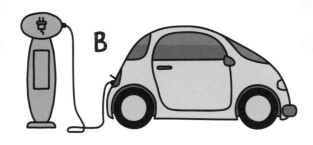

遥控钥匙： 遥控开/关汽车的门锁。

GPS： 指引目的地的方向。

安全气囊： 车辆发生剧烈碰撞时，可以自动打开
的空气囊，为乘客提供防撞保护。

电动汽车： 在充电点使用专用插头
补充电能。

汽车能安全行驶得益于发动机和其
他部件：踏板（刹车、油门、离合器）、
变速杆、方向盘、手刹……

一块一块的零件

批量生产汽车时，首先要生产出汽车上的所有零件，然后把它们按顺序安装（通常使用机器人来操作），最后就生产出汽车了。

你能找出下图中重复的零件吗？

亨利·福特在1913年开始使用新的生产方式：汽车装配流水线。这种方式使汽车的零件安装快了很多。当前，这样的生产方式不仅用于汽车行业，也在各行各业中得到应用。

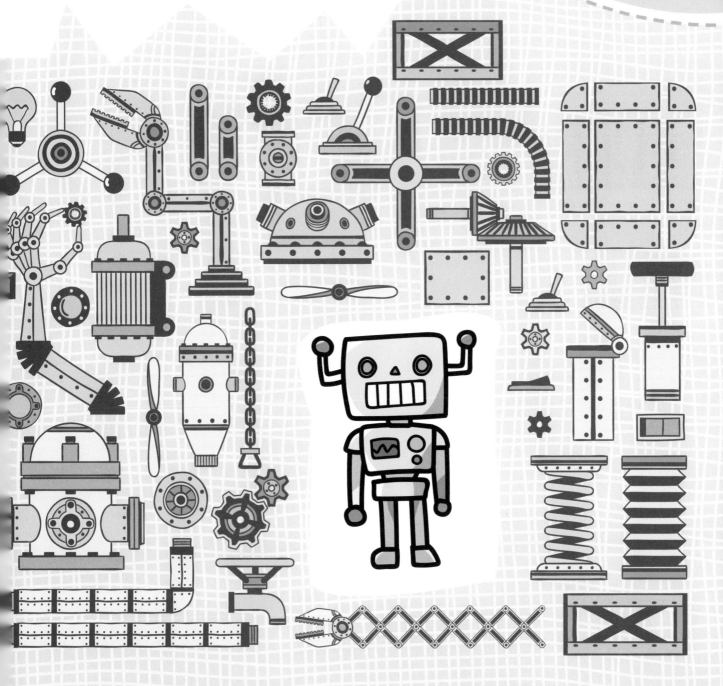

长途挑战

飞机，曾经的霸王

在很长一段时间里，飞机都是长途运输工具中的王者，因为它能让人们在短时间内到达更远的地方。因此，其他的"竞争者"只能保持沉默，听它吹嘘自己的冒险经历："我一次能运载400位乘客。""我有一对漂亮的流线型翅膀！"……直到有一天，高速列车出现了，它甚至能够超越飞机。像一只金属大鸟的飞机并不生气，反而为高速列车感到高兴。

什么是高速列车？

高速列车是在专用铁轨上，能够持续高速运行的列车。

主要特征

- 所有的车厢都实现了信息化。
- 在弯道较少的专用铁轨上行驶。

磁悬浮列车：借助磁悬浮技术，磁悬浮列车可以浮动行驶。列车不会接触到轨道！

目前，中国投入使用的"**复兴号**"动车组列车最高时速可达400千米。下一步将要研发**超音速列车**，这种列车能够超越现有民航客机的速度。

动起来吧！

世界上的许多城市中，都有公共汽车、电车和火车。

工程师们不断地设计和制造出先进的交通工具，使城市交通更快、更安静、污染更少。例如中国，在路面交通拥堵的情况下，人们可以选择畅通无阻的地铁出行。

请在下图中找出下面这3种交通工具！

上船啦！

不同类型的船舶有不同的功能和用途。

为下图中每种类型的船找到它的轮廓！

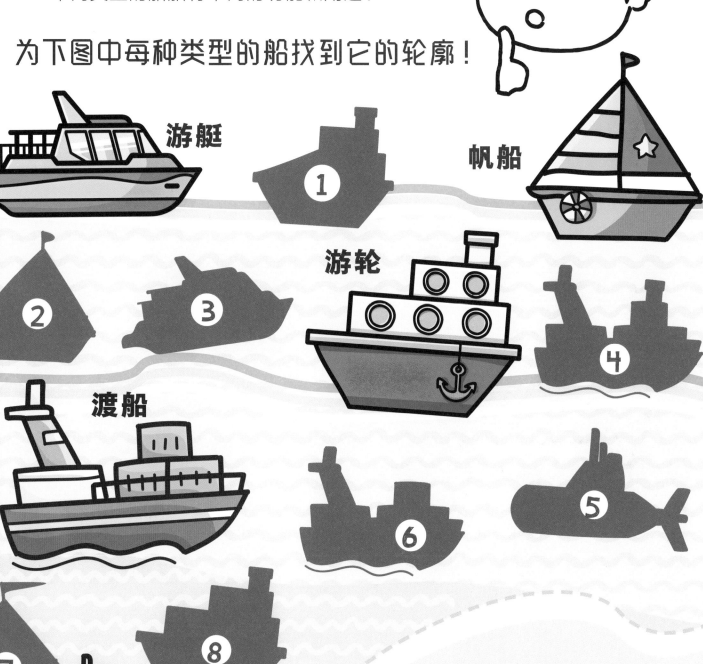

游艇

帆船

游轮

渡船

潜艇

不同类型的船有不同的用途：游艇用于海上休闲；帆船可以利用风向航行；在游轮上可以度假放松，享受各种服务；渡船用于运载人和车辆；潜艇多用于执行军事任务。

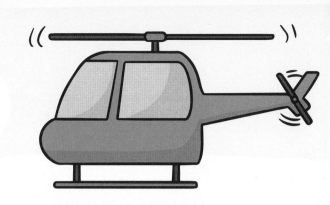

城市建设

好主意，好方案

科学小姐每天都要拜访工程师先生。虽然他俩住得很近，但是要去工程师先生的家，科学小姐必须要绕一大段路，否则就得游过河！

突然，科学小姐想到一个好主意：是不是可以建一座桥把两个地方连接起来呢？这样就可以更容易抵达河对岸了。为此，他们需要进行大量的计算，并且要确定建造材料。建桥的确是个很棒的主意，能节省非常多的时间！

什么是桥梁？

桥梁几乎都是人工建造的，可以克服由**地形**或**地貌**，比如河流、峡谷、山涧形成的物理阻碍。桥梁的设计取决于它的功能和所建之处土地的属性。

桥梁的主要部分

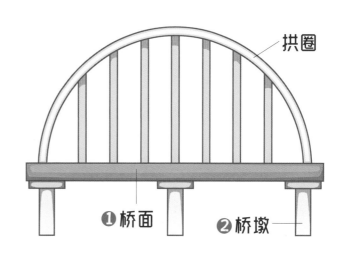

1 **桥面：** 供车辆、行人通过。

2 **桥墩：** 桥梁的支撑柱。

有些桥梁还有拱圈，它可以承担重量，分散压力。

桥梁可以用多种材料建造：木头、石头、钢材或混凝土等。后两种材料受气候条件和地形条件的影响最小。

工程师的家!

下面这些设备是建筑工程师在工作中经常接触的，不过它们的名字放错了位置。

你能找到每个设备的名字吗？

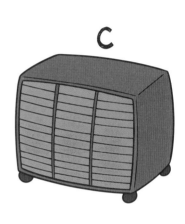

C

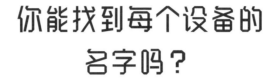

LED灯泡

取暖设备

B

空调

吸油烟机

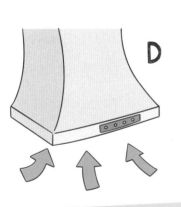

D

E

电梯

建筑工程师们的任务之一是研发新技术，这样才能够最大限度地减少能源的消耗。

建筑

在美国纽约这样的大城市中有很多建筑，既有低矮的住房，也有高度惊人的摩天大楼。

中国目前最高的建筑是位于上海市的上海中心大厦（632米）。

请在这两张图片里找出5处不同！

探索宇宙

从地球到月球，甚至更远的地方……

　　作家儒勒·凡尔纳（《海底两万里》的作者）和宇航员尼尔·阿姆斯特朗互不相识，却因为同一件事联系在一起。凡尔纳生活在19世纪的法国，他用非凡的想象力创作了许多故事，故事里的人们做了很多疯狂的事，比如登上月球。一个世纪之后，尼尔·阿姆斯特朗向人们证明了这个法国人一点儿也不疯狂，在地球之外，确实还有很多星球值得探索。

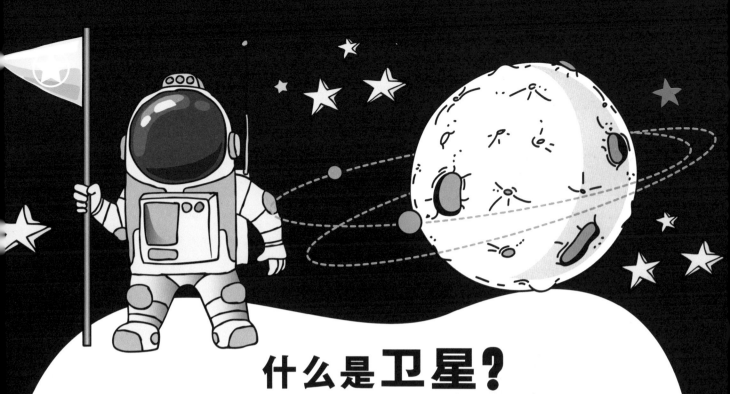

什么是卫星？

卫星是按一定轨道**围绕**行星运行的天体。最有名的卫星就是**月球**，它围绕着我们的星球——**地球**旋转。

卫星的种类

❶ **天然卫星**：它们是宇宙的一部分。除了地球，一些其他行星也有围绕自己旋转的卫星。

❷ **人造卫星**：绕行星或卫星运转的人造天体，它们被发射到太空中，人类可对其进行远程控制。

人造卫星的样式

太空想象

每个人都对太空充满了无限遐想，你心目中的太空是这样的吗？

你看到了多少颗人造卫星？

有一个图案是重复的，请你找出它！

人造卫星除了可以帮助我们更好地了解宇宙，还可以帮助我们：
- 与地球上的任何地方的人通话，并获取这个地方的实时图像。
- 使用全球定位系统（GPS）。
- 预测天气（根据气象卫星获取的资料，我们就可以知道是否要下雨、下雪，甚至是否会产生飓风）。

NASA的测试

美国国家航空航天局（NASA）是世界上著名的致力于太空研究的组织，培养了很多宇航员。

下列描述中，有一条是错误的，
你能找出来吗？

1. 发射到太空中的人造卫星上总是会有机组人员。

2. 宇航员的宇航服是特制的，可提供氧气，并具有强大的防辐射功能。

3. 宇航员的航天食品主要是复水食品（加水复原后食用的食品）。

执行任务期间，宇航员和工程师们在太空实验室中生活并开展工作。他们在这里研究失重对人体产生的影响，并将这些研究成果用于促进科学技术的进步。

爱护环境

垃圾困境

　　垃圾分类监察员非常生气。虽然他已经习惯了人们产生的大量垃圾（有些地区每人每年制造的垃圾超过500千克），但他无法容忍一些市民不经分类处理就丢弃垃圾。"有机物、玻璃、塑料、纸……全都混在一起了，"监察员生气地说，"这样就无法进行垃圾回收了！"他向所有垃圾桶发出了严格命令，要求它们如果发现有人将未分类的垃圾放入其中，就马上通知他。

什么是**垃圾分类**？

垃圾分类指根据垃圾的不同性质和处置方式，对垃圾进行分类，以便做不同的处理。一般可分为可回收物、厨余垃圾、有害垃圾和其他垃圾四类。

垃圾如何再利用？

- 对垃圾桶里的废弃物进行**回收**、**分类**、**清洁**。

- 将塑料压碎，将玻璃熔化，将纸化为纸浆……垃圾分类处理，使它们成为有用的新原料。

- 这种新原料可用于**生产**新产品。

回收！

我们每个人都可以成为使用"3R原则"（减少使用、重复利用、循环再生）的一员。这项原则是正确管理废弃物，以避免其对环境造成破坏的基础原则。

你能找出下列行为中哪些是不环保的吗？

使用塑料袋

使用玻璃瓶

使用充电电池

为了让废弃物回收变得更简单，现在有很多不同类型的垃圾桶。纸、塑料、金属应放入可回收物垃圾桶，灯管、家用化学品应放入有害垃圾桶，厨余垃圾应放入厨余垃圾桶。

垃圾不分类

节约能源

节约能源最简单的行为就是随手关灯。下面这幅图中，有4个家庭已经关灯。

你能找出是哪4个家庭吗？

节能管理需要高效地利用能源，也要控制因清洁能源的过度使用造成的环境污染，比如声音（噪声污染）或者城市中强烈的光线（光污染）。

水利工程

最听话奖

　　一天，大自然中的各种元素聚集在一起，想要评选"最听话奖"。为了入选，大家都积极陈述自己的理由，但谁也没有水给出的理由更有说服力："是的，我的体量很大，可以在河流、海洋、瀑布中流动……但当有人需要我停留在一个地方时，我是超级听话的，因为我知道我可以用这种方式帮助别人，对人类和环境都有非常大的帮助！"

什么是大坝?

大坝是一种用石头、水泥或其他材料建造的用于**储水**的**建筑**，大多位于河流的狭窄地带。被大坝拦截而形成的人工湖叫作**水库**。水库有以下作用：

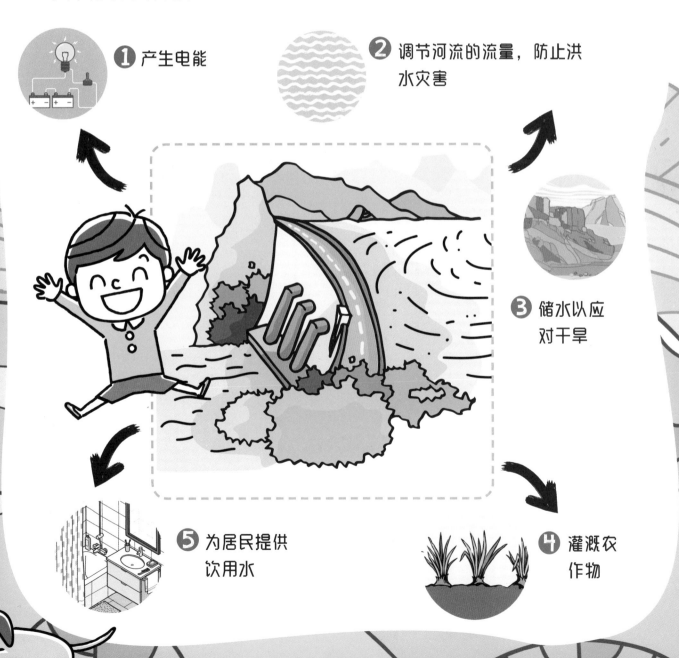

❶ 产生电能

❷ 调节河流的流量，防止洪水灾害

❸ 储水以应对干旱

❹ 灌溉农作物

❺ 为居民提供饮用水

从水库到插座

有水位落差的水是水力发电的重要动力。在下图的城市中，有许多水域——港口、池塘、湖泊等，但可以产生电能的地方只有一处。

你知道是哪一处吗？

大坝中的水轮机旋转时，水积累的巨大势能就会转换为电能。

灌溉

水库中的水还可以用于农业生产，它们可以用来灌溉农田。灌溉方式多种多样。

请为每种灌溉方式找到相应的图片！

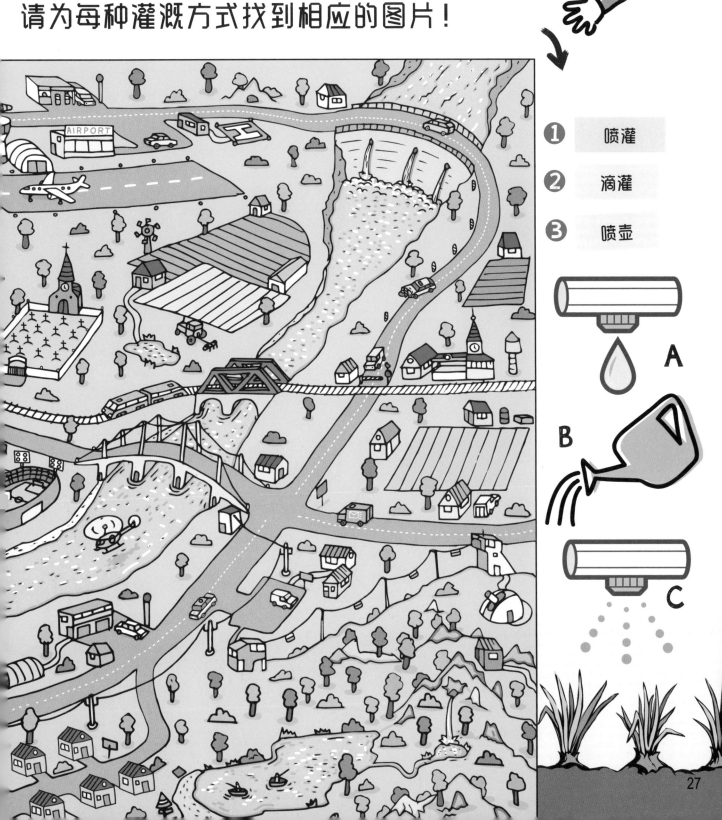

1 喷灌
2 滴灌
3 喷壶

A

B

C

找一找

27

健康城市

走开，病菌！

　　病毒先生、细菌小姐和原生动物先生最近非常担心。虽然它们已经在河流、池塘、喷泉、脏水坑，以及其他一些自然水域里生活了很长一段时间，过着幸福的生活，但这种日子屈指可数了。因为它们听说这些水域即将被净化、消毒，也就是说，它们的美好生活将要结束了！

什么是水处理厂？

水处理厂是对水进行**净化**处理的设施，它的作用是使**水质**达到城市用水标准。

水净化的过程

❶ 用大型抽水机抽取地下水。

❷ 进行一级处理——过滤、沉淀泥土和沙石等。

❸ 进行生化二级处理——通过多个过滤器，消除微生物和悬浮杂质。

❹ 进行三级处理——消毒，转化为城市用水，储存在大水罐里。

城市用水通过管道送达我们家中：
- 先到达水龙头，一旦被使用，它就变成了污水。
- 污水进入下水道，然后通过地下排水管道被送回污水处理厂。

流动轨迹

病毒、细菌和原生动物想知道它们赖以生存的水将流向哪里。我们给了它们第二次机会：如果猜对是哪条管道将城市用水输送到家，它们就可以通过另一条管道（污水排水管）重回它们生活的地方。

是哪一条管道呢？
蓝色的还是黄色的？

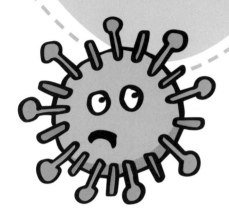

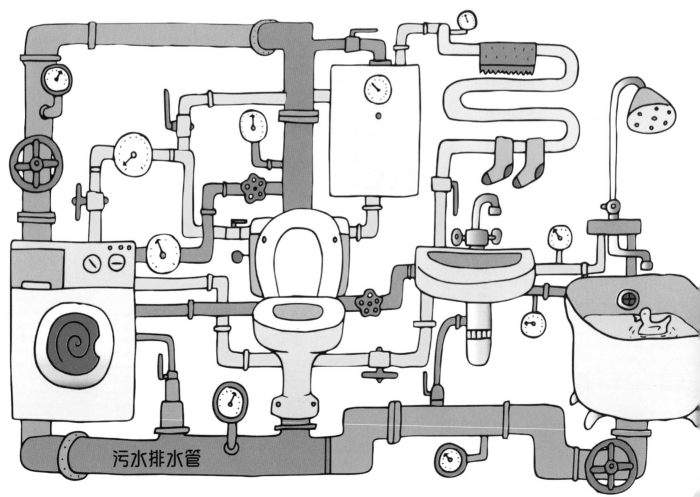

污水排水管

捕捞污染物

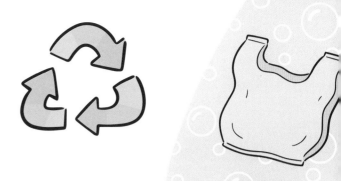

所有人都可以尽自己的一份力来保护水源不被污染。要做到这一点，首先要弄清楚我们需要阻止哪些废弃物和污染物进入水源。

在这幅图中，哪些是污染物？

有很多污染物会破坏水质，导致水源不能饮用。有一些是自然产生的，比如泥浆，但更多是人为活动造成的，比如工业废水、化学制剂、农药（它们通过排污管道排到自然水域）。

吃得更好

目标：零中毒

　　霉菌和沙门氏菌正在制订一项计划："我们必须让世界上所有的冰箱都停止工作。我们讨厌寒冷，每次我们被放进这些破机器里，都动不了！"但它们并不知道，寒冷只是食品中霉菌、病毒及细菌的一大克星，还有一些其他的方法可以对付它们，防止人们食物中毒。如果它们得知这个消息，不知会有多么失望！

什么是冰箱？

冰箱是一种让食物始终**保持在低温环境**的**家用电器**。这得感谢一种被称为**制冷剂**的物质，它在冰箱的各个部分循环往复，并且通过状态变化（从液体到气体）吸收热量。

冰箱的主要部分

❶ 冷凝器：将压缩机输送来的气态制冷剂转换为液态制冷剂，并向周围散热。

❷ 蒸发器：位于冰箱的背后，液态制冷剂吸热蒸发，使冰箱内部降温。

❸ 压缩机：将气态制冷剂压缩并加热的内部装置。

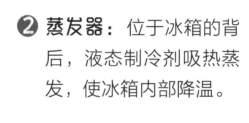

健康食物

除了冷藏，还有一些其他的食品保鲜技术。

你能为下列技术找到相应的正确说明吗？

A. 添加到食物中，使其在较长时间内不变质　　　**冷冻**

B. 在某些食物（如火腿、鳕鱼）中加盐，然后把它们风干　　　**高温消毒**

C. 将食物置于高温环境（115~130℃），以消灭食物中大部分的微生物　　　**腌制**

D. 将食物置于−18℃以下的低温环境，使它们能保存更长的时间　　　**食品添加剂**

从工业生产线到我们家里的各个环节，食物都可能因微生物的作用或与其他物质、材料接触而被污染。有些污染物可以立即被检测到，但还有一些是看不见的，所以更危险。

到达餐桌

农业、畜牧业和渔业是食品生产的主要来源，但食物要到达我们的餐桌还要经历一个漫长的过程，正如下图所呈现的，但它们的先后顺序是错误的。

食品供应链是指从食品原料采集到加工，再经过物流运输到达商店和超市，中间经过不同阶段，最后到达家中的整个过程。

你能按正确的顺序排列吗？

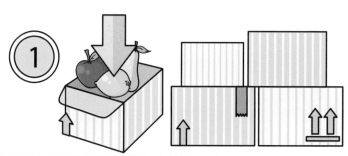

① 包装、贴标　　② 物流配送

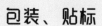

③ 网上购买　　④ 质量检控　　⑤ 送货上门

⑥ 我想吃水果！　　⑦ 叉车运输

信息世界

无线信息和无线娱乐

　　劳拉和马科斯一家这几天一直在想，要给他们的好朋友罗伯准备什么样的生日惊喜。罗伯去年搬到了另一个国家生活，大家都很想念他。爸爸突然提议说："我们为什么不在同一时间分别给罗伯发送一条祝福信息呢？"大家都沉默了，因为他们都不明白爸爸在说什么。爸爸向大家解释了该如何操作。

深深地祝福！

什么是无线连接？

无线连接是指不需要通过电线，而在不同**设备**（如计算机、平板电脑、智能手机、智能手表、电子游戏机、智能电视）之间建立的连接。即使设备距离很远（甚至在不同国家），这种类型的连接也可以使用户彼此**共享信息**。

无线连接可以借助不同的技术（如激光、红外线、蓝牙）来实现。使用最为广泛的是Wi-Fi，但它的建立需要一台**路由器**。

Wi-Fi标志

路由器：连接两个或多个网络的硬件设备。

Wi-Fi祝福！

无线连接使网络游戏更加便利。网络游戏客户端可安装在不同玩家的设备上，即使他们之间互不相识，也可以轻松互动！

爸爸向全家展示了如何使用Wi-Fi，大家都迫不及待地开始发送祝福信息。

下图是他们发送信息的进度，请按照从第一名到最后一名的顺序将他们排序

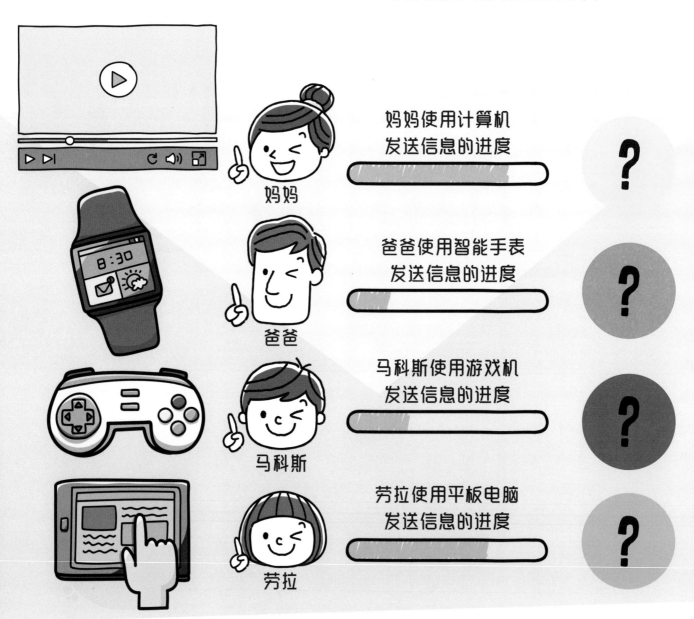

妈妈使用计算机发送信息的进度 ?

爸爸使用智能手表发送信息的进度 ?

马科斯使用游戏机发送信息的进度 ?

劳拉使用平板电脑发送信息的进度 ?

妈妈　爸爸　马科斯　劳拉

一团乱

每台设备都要通过电线连接到插座，当然，它们实在是太多了，真是一团乱。这是使用Wi-Fi或其他无线连接时不会出现的问题。

另一种不用电线连接设备的方法就是使用蜂窝移动数据。这些数据来自蜂窝网络基站，只要激活开通，我们就可以在有网络基站的地方用手机上网。

找出每台设备的插头

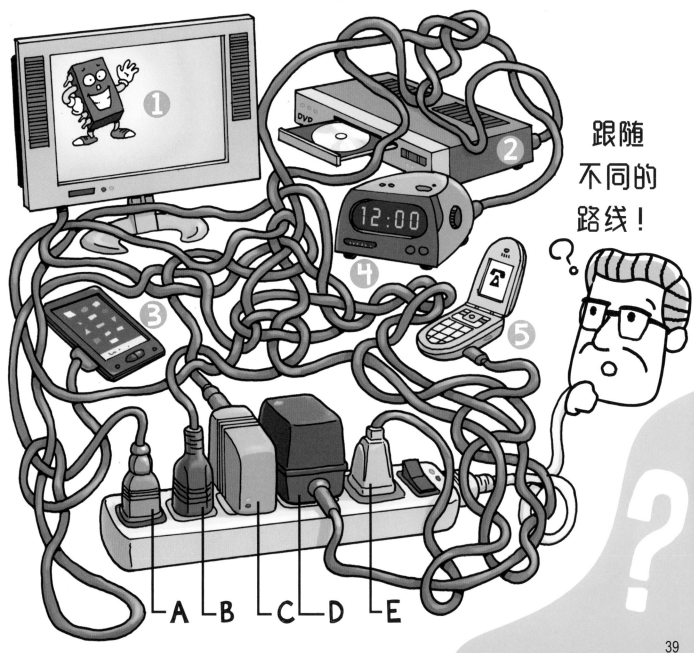

跟随不同的路线！

智能家居

智能时代

　　贝尔塔的奶奶被吓坏了！她和家人外出度周末，第二天早上，所有人都被奶奶的尖叫声吵醒了："救命啊，救命啊！我房间里的百叶窗自己打开了！"她下楼去厨房时，更糟糕的事情发生了。厨房原本非常暗，但她刚踏进厨房的门，灯就突然亮了起来。贝尔塔向奶奶解释说："这并不是因为有鬼怪，而是有一个叫作智能家居的东西。"

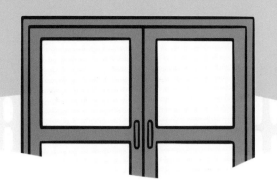

什么是智能家居？

智能家居是一种通过**中央控制**系统来管理设备（温度传感器、家用电器、灯……），使之运行的系统。越来越多的家居元素和设备被**设计**为可以从住宅内、外部**自动控制**，它们成了智能家居系统的一部分。

智能家居系统带来的生活便利

- **咖啡壶、烤箱和其他一些家电：**在预定时间启动。

- **百叶窗：**根据阳光的光线强度，打开或关闭。

- **报警、安全系统：**家中无人时，它们会被自动激活。

- **车库门：**检测到车辆进出时，它们会自动打开或关闭。

- **暖气或空调：**通过控制程序不断调整，直到室内达到适宜的温度。

手机，一支魔法棒

使用智能家居系统的一个好处就是系统内的所有设备都能够通过手机来控制。贝尔塔正在教奶奶如何操作，但是出现了一个问题：下图中的一个设备无法通过手机进行数字化操控。

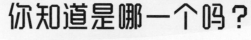

你知道是哪一个吗？

智能家居可被看作一个"物品的互联网"，它涉及各种日常用品、家用电器及各种类型的设备之间的相互连接。它们可以通过手机、平板电脑或计算机的操控来打开、关闭和运行。

智能家居时代的宠物

你知道智能家居系统还能更好地帮你照顾宠物吗？下面列出了一些可以通过智能家居系统完成的事情，但其中一件目前还无法实现。

1. 当宠物独自在家时，通过手机屏幕看看它在做什么。

2. 随时知道宠物在哪里。

3. 机器人医生给宠物看病。

你能找出是哪一件吗？

4. 了解什么时候需要给宠物添加水和食物。

5. 控制宠物房或者水箱内的温度（比如养鱼）。

有些智能家居系统内置语音识别系统，受其控制的设备可以听懂我们说的话，它们会执行我们给它们发出的指令。

答 案

第6页：A-遥控钥匙，B-电动汽车，C-安全气囊，D-GPS。

第7页：

第10页：

第11页：游艇-3，帆船-2，游轮-8，渡船-6，潜艇-5。

第14页：A-电梯，B-空调，C-取暖设备，D-吸油烟机，E-LED灯泡。

第15页：

第18页：2颗，重复的是

第19页：1是错误的。

第22页：使用塑料袋和垃圾不分类。

第23页：

第26页：

水坝

第27页：1-C，2-A，3-B。

第30页：黄色管道输送城市用水，因为蓝色管道连接污水排水管。

第31页：塑料袋、塑料瓶、纸盒、纸杯、饮料易拉罐。

第34页：冷冻-D，高温消毒-C，腌制-B，食品添加剂-A。

第35页：顺序为6-3-4-1-7-2-5。

第38页：妈妈、劳拉、马科斯、爸爸。

第39页：1-D，2-A，3-E，4-B，5-C。

第42页：扫帚。

第43页：选项3是现在还无法实现的事情。

作者简介

　　卡拉·涅托·马尔提内斯，西班牙记者、自由作家、童书作家，毕业于马德里康普顿斯大学信息科学专业，在新闻领域发展自己的职业生涯。她也是一位营养和健康问题方面的专家，出版了大量备受西班牙读者喜爱的书籍，如《"小小科研家的宝藏百科书"系列：不可思议的非凡人生》《儿童趣味厨房》《儿童趣味实验》《宝贝：快乐成长的关键》《儿童神话乐园》《格森疗法及其食谱》《血糖》等。

译者简介

　　赵越，重庆外语外事学院西班牙语教研室主任，校级中青年骨干教师。发表学术论文10余篇，曾获"十佳巾帼标兵""十佳教师"等荣誉。